U0185506

大科学家讲小科普

木结构建筑改变了世界

匡廷云 黄春辉 高 颖 郭红卫 张顺燕 主编

吕忠平 绘

吉林科学技术出版社

图书在版编目（CIP）数据

木结构建筑改变了世界 / 匡廷云等主编. — 长春：
吉林科学技术出版社, 2021.3
（大科学家讲小科普）
ISBN 978-7-5578-5153-8

Ⅰ.①木… Ⅱ.①匡… Ⅲ.①木结构—建筑史—世
界—青少年读物 Ⅳ.①TU-091

中国版本图书馆CIP数据核字(2018)第231218号

大科学家讲小科普　木结构建筑改变了世界
DA KEXUEJIA JIANG XIAO KEPU　MU JIEGOU JIANZHU GAIBIAN LE SHIJIE

主　　编	匡廷云　黄春辉　高　颖　郭红卫　张顺燕
绘　　者	吕忠平
出 版 人	宛　霞
责任编辑	端金香　李思言
助理编辑	刘凌含　郑宏宇
制　　版	长春美印图文设计有限公司
封面设计	长春美印图文设计有限公司
幅面尺寸	210 mm × 280 mm
开　　本	16
字　　数	100千字
印　　张	5
印　　数	1–6 000册
版　　次	2022年11月第1版
印　　次	2022年11月第1次印刷

出　　版	吉林科学技术出版社
发　　行	吉林科学技术出版社
地　　址	长春市福祉大路5788号出版集团A座
邮　　编	130118
发行部电话/传真	0431-81629529　81629530　81629531
	81629532　81629533　81629534
储运部电话	0431-86059116
编辑部电话	0431-81629516
印　　刷	吉广控股有限公司

书　　号	ISBN 978-7-5578-5153-8
定　　价	68.00元

如有印装质量问题　可寄出版社调换
版权所有　翻印必究　举报电话：0431-81629508

序

  本系列图书的编撰基于"学习源于好奇心"的科普理念。孩子学习的兴趣需要培养和引导，书中采用的语言是启发式的、引导式的，读后使孩子豁然开朗。图文并茂是孩子学习科学知识较有效的形式。新颖的问题能极大地调动孩子阅读、思考的兴趣。兼顾科学理论的同时，注重观察与动手动脑，这和常规灌输式的教学方法是完全不同的。观赏生动有趣的精细插画，犹如让孩子亲临大自然；利用剖面、透视等绘画技巧，能让孩子领略万物的精巧神奇；仔细观察平时无法看到的物体内部结构，能够激发孩子继续探索的兴趣。

  "授之以鱼不如授之以渔"，在向孩子传授知识的同时，还要教会他们探索的方法，培养他们独立思考的能力，这才是完美的教学方式。每一个新问题的答案都可能是孩子成长之路上一艘通往梦想的帆船，愿孩子在平时的生活中发现科学的伟大与魅力，在知识的广阔天地里自由翱翔！愿有趣的知识、科学的智慧伴随孩子健康、快乐地成长！

元宇宙图书时代已到来
快来加入XR科学世界！
见此图标 微信扫码

前　言

　　植物如何利用阳光制造养分？鱼会放屁吗？有能向前走的螃蟹吗？什么动物会发出枪响似的声音？什么植物会吃昆虫？哪种植物的叶子能托起一个人？核反应堆内部发生了什么？为什么宇航员在进行太空飞行前不能吃豆子？细胞长什么样？孩子总会向我们提出令人意想不到的问题。他们对新事物抱有强烈的好奇心，善于寻找有趣的问题并思考答案。他们拥有不同的观点，互相碰撞，对各种假说进行推论。科学家培根曾经说过"好奇心是孩子智慧的嫩芽"，孩子对世界的认识是从好奇开始的，强烈的好奇心会激发孩子的求知欲，对创造性思维与想象力的形成具有十分重要的意义。"大科学家讲小科普"系列的可贵之处在于，它把看似简单的科学问题以轻松幽默的方式深度阐释，既颠覆了传统说教式教育，又轻而易举地触发了孩子的求知欲望。

本套丛书以多元且全新的科学主题、贴近生活的语言表达方式、实用的手绘插图……让孩子感受科学的魅力，全面激发想象力。每册图书都会充分激发他们的好奇心和探索欲，鼓励孩子动手探索、亲身体验，让孩子不但知道"是什么"，而且还知道"为什么"，以非常具有吸引力的内容捕获孩子的内心，并激发孩子探求科学知识的热情。

目 录

目 录

▶ 从地下到地上——中国原始人类的穴居

在房子没有出现以前，原始人通常以山洞为家。到了新石器时代，原始人开始在地上建起像洞穴一样的房子——刚开始是在半地下，后来逐渐升到地面。这种形式叫"穴居"，是中国土木混合结构建筑的雏形。

穴居发展序列示意图

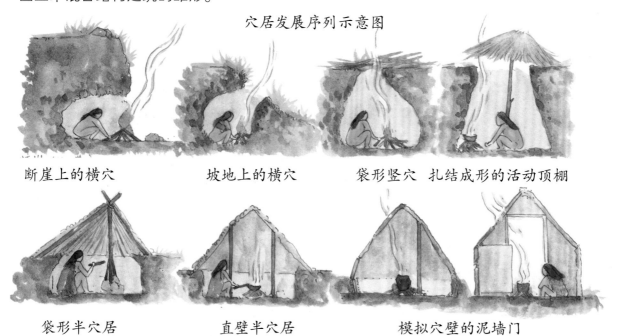

| 断崖上的横穴 | 坡地上的横穴 | 袋形竖穴 | 扎结成形的活动顶棚 |

| 袋形半穴居 | 直壁半穴居 | 模拟穴壁的泥墙门 |

6 000多年前的新石器时代，北方黄河流域的半坡氏族掌握了在黄土高原建房子的技术。由于那里气候干燥，没有防潮的需要，所以半坡族人在地上挖一个圆形或方形的坑，在上面用木头搭建房子。

看起来就像一座蘑菇房子。

方形的坑大多挖得较浅，房子直接建在坑内；而圆形的坑，房子一般沿着坑口直接建在地面上。圆形的坑直径为 4～6 米，周围密密麻麻地立着木头柱子，柱子之间用草等韧性材料编织成壁体。建造方形坑中的整座房子依靠 2～6 根柱子支撑，里面还有灶坑，供炊煮和取暖使用。

元宇宙图书时代已到来
快来加入XR科学世界！
见此图标 🔲 微信扫码

旧石器时代，现在中国南方区域的原始人在树枝上或树与树之间搭设木头，并用一些树叶搭成棚架，像鸟儿一样住在树上。后来，他们从树上逐渐转移到地面，并把"巢"搬到了地上。

原始巢居发展序列示意图

住在树上可比住在地下有趣多了！

那可不一定，因为我有恐高症。

约6 000年前，长江流域的河姆渡人把房子从树上搬到地上，开始了"巢居"生活。巢居建筑是这样的：先在地下埋许多露出地面的高木桩，作为房子的地基，然后在上面架设大梁、小梁（龙骨）来承托楼板，最后再搭建房屋的主体。

随着原始人类动手建造房屋，过起定居的生活，村落就产生了。

河姆渡水井和草棚

因为长江流域气候湿润，河流众多，所以河姆渡人在建房子的时候特意把房子搭离地面一截，上面住人，下面饲养牲畜。这样做的好处是既能通风隔潮，又可以防止猛兽袭击。

河姆渡人的巢居

▶ 其他国家和地区的原始建筑

旧石器时代的原始人住在天然山洞中或巢居在树上，后来才渐渐开始人工修筑地穴和地面建筑，如蜂巢屋（石块砌成，密集似蜂巢）、树枝棚、帐篷（用树枝和兽皮搭成）、湖居等。一般来说，畜牧者多住宿在帐篷里，农耕者多住在草屋中。

树枝棚是原始社会常见的建筑，原始人类会把距离较近的树枝和树干的顶部聚拢在一起，用绳子扎起来，作为房子的骨架。最后再用动物的皮毛或者植物的草叶覆盖在骨架周围，一座简陋的房子就完成了。

蜂巢屋

印第安人的帐篷

树枝棚可以说是最原始、最简单的帐篷。

树枝棚

博士，我们也动手搭个帐篷吧。

▶ 神秘的巨木建筑

英国的巨石阵是著名的新石器时代末期建筑，是原始人类的神庙遗址，而考古学家们在巨石阵附近找到了它的"孪生兄弟"——巨木阵。巨木阵建于新石器时代和铜器时代，由许多大木柱组成，是用于举行仪式的纪念碑。

巨木阵

科罗威人是传说中的"食人族"，他们住在树上，吃虫子，使用箭、棍等原始工具。

印尼科罗威人的巢居

▶ 住在树上的现代栖树民

生活在印尼东部巴布亚省偏远森林中的科罗威人至今还过着原始部落的生活，是世界上唯一仍住在树上的栖树民。他们的树屋通常建在单独的一棵树上，"地基"由多棵树构成，额外的支撑由木柱提供。一般树屋距离地面 6 ~ 25 米，最高可达 50 米。

第 2 节 千奇百怪的木头房子

▶ 游牧民族的移动房子

中国内蒙古自治区以及阿富汗、土耳其等国家的游牧民族住在帐篷里。这种帐篷通常由木架支撑起来，外面套着羊毛毡、毛毯等覆盖物。当房主人需要迁移的时候，可以把帐篷折叠起来，到了新的地点再重新打开，就像一个移动的家。

中国的蒙古包

▶ 水上人家的船屋

居住在海边、河边的人们常常把房子建得比水面高出一截，就像房子浮在水面上。斐济、泰国，都可以看见这样的建筑。

水上木屋

▶ 寒冷地带的保温房

在俄罗斯、芬兰、挪威等冰雪覆盖的寒冷国家，人们用粗大的木材建房子，墙体填充了保温材料。最原始的保温材料是苔藓，到了现代，采用更多的是工业产品。

俄罗斯的井干式木结构房屋（木刻楞）

▶ 赤道上的茅草屋

在炎热干燥的非洲，一部分当地人住在简陋的茅草屋里，过着原始而简朴的生活。这些茅草屋通常由木头做支撑；墙体为藤条、茅草等植物，中间还填充了泥巴；屋顶大多由茅草铺盖而成。

非洲坦桑尼亚茅草屋

▶ 地震带中的抗震斗士

⊞ 扫码领取
⊘ 科学实验室
⊘ 科学小知识
⊘ 科学展示圈
⊘ 每日阅读打卡

日本、新西兰、美国等位于地震带的国家或地区常用木头来建房子。对比混凝土房子，木房子柔性好、耐冲击。

日本传统木结构房屋

▶ 多雨地区的高脚房

为了防潮防淹，多雨地区的人们往往会在地上打下木桩，再在上面建房子。例如我国的傣族利用竹子做材料，建起了底下架空的竹屋。

中国傣族竹楼

加拿大的"自由精灵屋"

▶ 建在大树上的房子

在当今社会，有些人为了亲近大自然，会把房子建在大树上，像鸟儿一样住在里面。世界上有各种各样的木头树屋，包括著名的瑞典鸟巢树屋、加拿大"自由精灵屋"等。

轻型木结构建筑

轻型木结构建筑非常常见，由较小规格的木材构成，整体重量还不到砖混结构房屋的1/4。建一座轻型木结构的房子，首先要有一块平整的水泥地做地基，然后将木材层层搭建在上面。为了保温和防水，墙体中间还放入了保温材料、防水材料。

▶ **重型木结构建筑**

跨度较大的建筑通常会采用重型木结构，例如餐厅、学校、桥梁等公共建筑。重型木结构需要用方木或者原木来作为承重构件，墙体是实心的，能从外面清楚地看出木头的形状。

梁柱式木结构建筑

井干式木结构房屋（原木屋、木刻楞）

▶ **原木材料的木屋**

在北美地区和东欧地区，人们喜欢建造原木的木屋。这些地区比较寒冷，为了防止冬天积雪过重导致房顶坍塌，人们把木屋的屋顶设计为斜坡形的。这种木屋大部分保留了木材原有的颜色，能与自然融于一体，显得粗犷朴实。

▶ 木头建筑

在建筑界中，木材是最常用的建筑材料，例如橡木、杉木、松木等。中国古代的建筑大多是木建筑，人们建房子时常常将木头进行防腐处理，例如用桐油浸泡，这样就可以不受虫蚁的侵蚀，而且使用的年限更久。

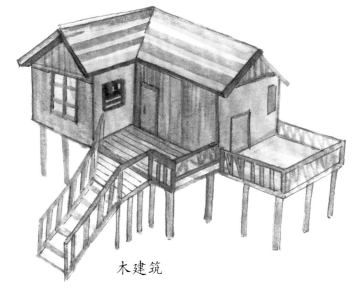

木建筑

竹建筑

▶ 竹子建筑

竹子具有很高的强度，尤其是抗拉强度，是水泥的5倍，被称为建筑业的"植物钢铁"。竹子最早出现在热带地区茅草屋的搭建中，到了现代，从越南到美国的夏威夷地区都可以看见用竹子建造的各种豪华住宅、教堂和桥梁。

▶ 草叶建筑

苇草、茅草、蒿秆、棕榈叶等植物或叶子也常被用于建造房屋，有时充当墙体，有时充当屋顶。在伊朗的沼泽地带，当地居民会把芦苇捆绑成束，建成隧道式民居；马来西亚的传统住宅里，常常可以看见棕榈叶做成的屋顶。

草叶建筑

第 3 节 木头是如何变成房子的

▶ 哪些木材常被用来建房子

建造木屋的木材分为两大类：硬木及软木。硬木是指质地细致坚硬的木材，多取自落叶的细叶林木；软木质地松软，易于加工，多取自针叶树材。

▶ 硬木

橡木

橡木是使用最为广泛的硬木，主要产自北美洲，特点是分量沉重、质地坚实、耐腐蚀。

白蜡木

橡木

白蜡木

白蜡木主要生长在俄罗斯、北美及欧洲部分地区，树干平直，带有粗糙、均匀的纹理。

桦木

桦木主要生长在北半球温带气候地区，木质细腻。薄而不透水的树皮常被北美印第安人和早期定居者用来盖屋顶，制作独木舟和鞋。

桦木

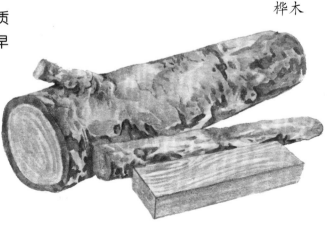

🔲 扫码领取

- ✅ 科学实验室
- ✅ 科学小知识
- ✅ 科学展示圈
- ✅ 每日阅读打卡

▶ 软木

白冷杉

白冷杉的木纹基本平直，材质密度轻、柔软，硬度一般；强度、抗震性能、抗腐蚀性低。

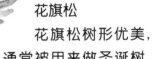

木头横截面上一圈圈的圆叫"年轮"，代表树的年龄，一圈就是一年。年轮越密，树的密度越大。

白冷杉

花旗松

花旗松树形优美，通常被用来做圣诞树。这种松树材质量好、抗磨损，是最常被选用的木材种类。

花旗松

杉木

杉木

杉木的质地坚韧且轻盈，带有自然清新的木香，这种气味能抑制细菌的生长，杀死空气中的细菌。

▶ 木头是怎么变成建筑用材的

原木采伐下来后，被送到加工厂进行切割、风干、抛光等工序，使原木变成规格、性质不同的木材。这些过程非常复杂，工人们必须借助各种机器的帮助才能完成。

经过这样的加工，木头会变得更加坚固耐用。

从木头变成木材的过程真是复杂呀！

▶ 木材变身术

为了让木屋更坚固耐用，不受虫蚁侵蚀和雨水腐蚀，砍伐下来的木材必须经过一系列的物理或化学加工。

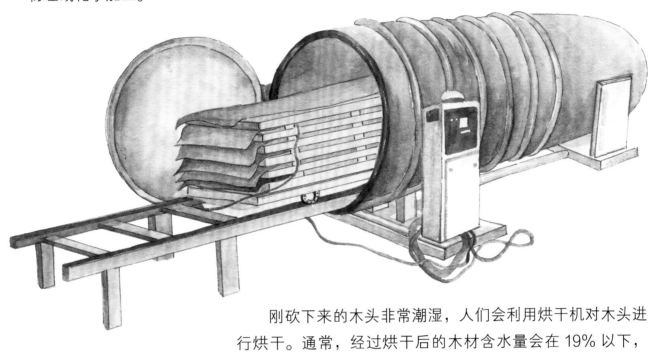

刚砍下来的木头非常潮湿，人们会利用烘干机对木头进行烘干。通常，经过烘干后的木材含水量会在 19% 以下，这样就不容易发霉或变形了。

▶ 改变木材的性质

为了让木材变得更硬、不容易腐烂或燃烧，并且不会被虫蚁蛀蚀，人们在加工木材的时候往往添加一些处理液。这种改变木材本身特点的方法叫"木材改性"，能让木材更坚固耐用。

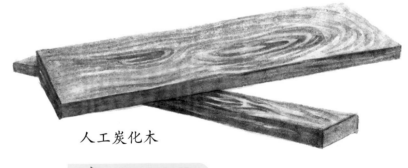

人工炭化木

▶ 木材炭化

隔绝空气和水分，用 160 ~ 230℃ 的蒸汽对木材进行加热，可以让木材表面炭化，不容易被腐蚀或虫蛀，这个方法叫木材的炭化。大自然是天然的炭化机，远古时代被埋在地下的木材经历漫长的地质变化后，往往会变成不腐不蛀的炭化木，乌木就是其中一种。

木材防腐剂

▶ 比钢铁还硬的超级木材

为了使房子更加坚固耐用，人们通常会将木材与其他材料结合在一起使用，构成一种新的复合结构。钢木复合结构是以木为主，结合钢材共同构成的一种新型建筑结构，被广泛应用在许多现代建筑当中。例如，苏格兰议会大厦就采用了木梁和钢结构节点结合的结构形式。

钢木复合结构

2010 年上海世博会中，瑞典馆的设计运用了大量云杉木材来做墙体支撑。这些云杉的树龄全部都超过了 70 年，经过处理后形成"胶合木"。胶合木具有比钢材更高的硬度、强度和更高的耐火极限，能在危难时刻救人一命。

地震真是太恐怖了！

20 世纪 90 年代日本阪神大地震中，胶合木建筑帮很多人逃过了一劫。

胶合木

木结构具有良好的抗震性

▶ 世界上最硬的树

你肯定没想到，世界上会有比钢铁还硬的树。这种珍贵的树木叫铁桦树，高约20米，是世界上最硬的木材。子弹打在上面就像打在厚钢板上一样。人们有时把它当作金属的代替品，用它制造滚球、轴承，也用于制造快艇。

铁桦树

日本的大多数低层建筑都为木结构，这与日本特殊地理位置密切相关。日本位于地震带，经常遭遇地震灾害。即使发生地震，也很少出现大面积房屋倒塌的现象，其中的奥秘在于建筑大多采用钢结构和木结构，具有良好的抗震性。

铁桦树木质极其坚硬

用铁桦树造坦克肯定又酷又实用！

· 29 ·

▶ 现代木屋是怎么建成的

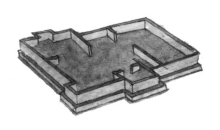

1. 用混凝土浇筑成地基，上面布置好地脚螺栓。

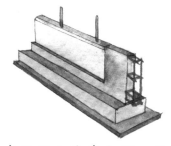

2. 在混凝土地基上铺一层防腐木，用地脚螺栓锁紧。

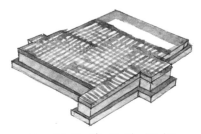

3. 铺设楼面地搁栅（支承地板的梁）。

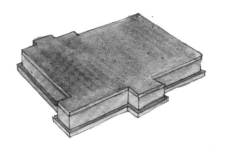

4. 铺设楼面板。

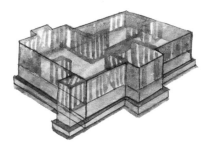

5. 安装一层的墙体。墙体由框架和外层挂板组成，中间填入保温材料和防火材料。

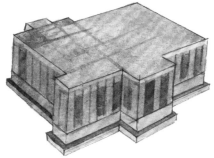

6. 顶部铺上搁栅和面板，二层的地板安装完成。

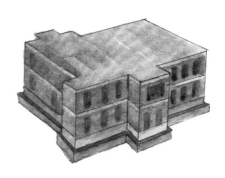

7. 装好二层的墙面和天花梁。

8. 按顺序装上屋顶的骨架、外挂板和沥青瓦。

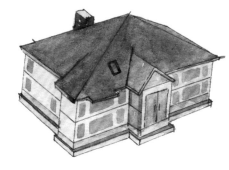

9. 外墙贴上能防水的防水透气膜，然后装上门窗。

原来盖木头房子的工序一点也不简单呀。

10. 在外墙进行装饰，例如砌筑砖块，整座房子就建成了。

▶ 不同种类的建筑工

建造一座木屋常常需要多种不同类型的工人帮忙——从设计到房体组装，再到室内装修，这个过程非常复杂。

工程师　建造木屋不是一件轻松的事情，首先要设计好房子的结构，这个工作由工程师来完成。

瓦匠　当房子的框架搭建完毕后，瓦匠们就会爬上屋顶安装瓦片。

砌砖工　有些木屋的外墙由砖头铺设成，这就需要砌砖工的帮忙。砌砖工会把砖块整齐地叠起来，中间抹上砂浆。

混凝土工　混凝土工负责在平整的地面上搭好钢筋框架，并用混凝土浇筑，做好房子的地基。

木工　木工们用木材来搭建房屋的主体，这个过程就像搭积木。木材通常都是在工厂里裁切好的，木工们只需要在建筑工地上进行组装。

电工　安装电线可不是一项简单的工作，电工们需要戴上绝缘手套并把电闸关上才能工作。电线像蜘蛛网一样遍布整座房屋，给房屋提供大范围的电力支持。

管道工　送水管道、排水管道的安装由管道工负责。他们把大大小小的管子安装在需要的地方。马桶、洗手盆这些设备都需要他们连上管道。

油漆匠　给木屋刷上一层油漆可以保护木材。油漆匠们需要毛刷和滚筒刷帮忙，当然，还有各色的油漆。

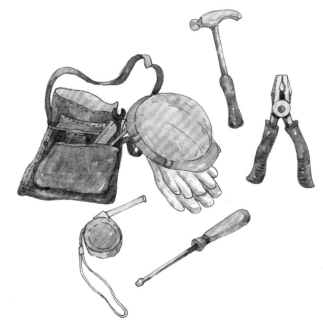

工人常用的工具

第 **4** 节 中国古代建筑构造真伟大

▶ 中国古代建筑的构造

中国古代建筑以木材、砖瓦作为主要建筑材料，梁柱为建筑构架，斗拱为结构关键，大体可以分为抬梁式、穿斗式、井干式三种类型，其中抬梁式的建筑最为普遍。

穿斗式是用穿枋把一排排的柱子串起来成为排架，然后用枋、檩连接而成，多用于民居和较小的建筑物。

抬梁式是在立柱上架梁，梁上又抬梁。宫殿、坛庙、寺院等大型建筑物中常采用这种结构。

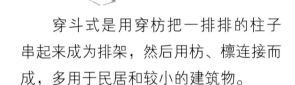

元宇宙图书时代已到来
快来加入XR科学世界！
见此图标 微信扫码

井干式是用木材交叉堆叠而成的，这种结构比较原始简单，现在除少数地区外已很少使用。

无论哪种类型的房子，都包括地基、屋身、房顶三部分。

▶ 化整为零的卸力高手——斗拱

斗拱是中国建筑中最奇妙的构造。斗是斗形垫木块，拱是弓形短木，它们逐层纵横交错叠加成上大下小的托架，将屋顶的重量直接或间接转移到木柱上。一些大的建筑，如五台山佛光寺东大殿或紫禁城太和殿，一个建筑物上使用斗拱结构可达数千个。

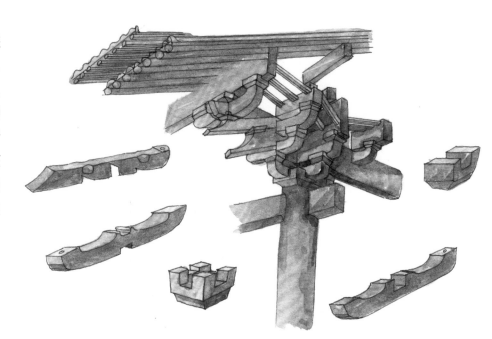

在发生地震时，斗拱能够像汽车的减震器一样，各构件随地震波相互摩擦、转动，抵消地震对建筑物的冲击力，例如山西大同华严寺。一些没有斗拱的建筑在地震中倒塌了，而带斗拱的建筑却能幸存，证明了斗拱对抗震的贡献。

▶ 严丝合缝的连接机关——卯榫

在古代，木工师傅们往往不需要钉子就能把两块木头紧紧地组装在一起，这种木头的组装结构叫卯榫结构。"卯"是木头凹进去的部分，"榫"是木头凸起的部分，两部分可以合二为一。

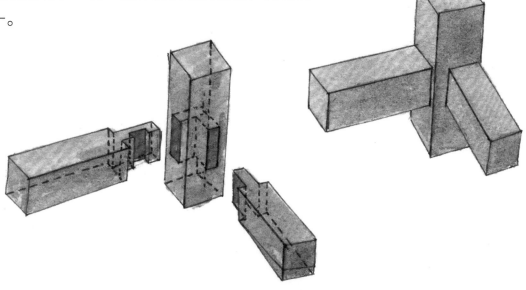

　　在福建，客家人的祖先建造了一座座巨大的像蘑菇一样的房子。这种建筑叫"土楼"，是用泥、沙、竹、木等材料建成的。建土楼非常费劲，大型的土楼通常一年只能建完一层，建造三四层的土楼需要三四年的时间。

> 福建永定是一村一姓，一座土楼一个家族。

福建土楼

▶ 客家人这样建土楼

　　用石头做好地基，大的石块在下面，小的在上面；然后用泥巴、细沙等材料搅拌成混合土，一层一层地垒成墙，每一层都放上一些竹片或木皮，以增加墙体的拉力。墙体完成后，再用杉木做成土楼的柱、梁、楼板，之后装上门窗、瓦片屋顶。

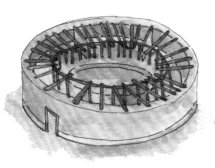 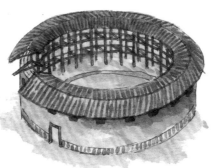 

你肯定想象不到，土楼能够经历数百年不倒是因为墙体里加入了一些可以吃的材料——打散起泡的蛋清、不见米粒糯米汤、上好的红糖。这些食物是绝好的黏合剂，能使墙体变得像钢铁一样坚硬。有些土楼曾被大炮轰炸却没有损坏，比水泥建筑还要坚固。

紧急情况时楼内居民还可从地下暗道逃出。

客家人是为了抵抗树林里的野兽和外来的强盗而设计出土楼这种堡垒式建筑的。土楼的外墙厚1～2米，一二层不开窗，整座楼只有一扇大门可以进出。一旦大门关起来，土楼便成了坚不可摧的堡垒。

土楼是世界上最大的民居，大型的土楼直径可达七八十米，高五六层，里面有四五百间房间，可以住七八百人。土楼不一定都是圆形的，也有些是半圆形、正方形等形状。目前，福建有3 000余座土楼。

▶ 热带雨林里的竹帐篷——傣族竹楼

在云南的西双版纳，竹子是随处可见的植物。在这里生活的傣族人便就地取材，用竹子建起了房子。这种房子叫"竹楼"，以竹子作为主要建筑材料，并用木桩支撑整个屋子，不仅能适应热带雨林炎热多雨的气候，还能躲避毒蛇和害虫。

傣族竹楼

▶ 傣族人这样建竹楼

在地面打下许多木桩，然后用粗大的竹子在上面建柱、梁和屋架结构。墙体用竹片编织，剖开的竹子压平做楼板，屋顶用茅草或葵叶编的草排搭建。房子分为两层，上面住人，下面堆放杂物或饲养牲畜。

傣族人的生活离不开竹子，他们不仅用竹子建房屋，还吃竹筒饭、喝竹筒酒，就连床、椅、筷子、碗、帽子、鞋子……也用竹子制作。最早的建筑用树枝和树叶搭成，后来改为竹子和茅草，再后来用上了木材、瓦、混凝土。

竹筒饭

竹床

古时候的竹楼分为官家竹楼和百姓竹楼。官家竹楼宽敞高大，木柱多达 100 根以上，木梯分为 2 层，都在 10 级以上。而平民百姓的竹楼木柱数量只能少于 40 根，梯子也不能超过 9 级。

竹质日用品

下雨时，雨水会从竹楼底下的木桩处流走。要是遇到河水暴涨，傣族人还会把绑在梁架上的竹篾拆掉，减少房屋的整体浮力，以免被水冲走。待河水退去时，再把竹篾重新绑上，一点儿都不影响竹楼的结构和使用。

▶ 长腿的木楼——侗族的吊脚楼

　　我国湖南、湖北、贵州、广西等地的侗族人会用杉木建房子，他们生活的地方漫山遍野都是杉树，是极好的建筑材料。房子用杉木做木桩，建在平地上就称为"干栏楼"；建在山坡上，低的那边就用杉木支起来，叫"吊脚楼"。

吊脚楼也是苗族、瑶族、土家族等少数民族的传统民居。

吊脚楼

▶ 侗族人这样建木楼（干栏式）

　　房主人把木料砍好运回家，请寨子里的木匠做好榀架（房屋的架子）。先把榀架竖起来，在榀架之间架上横梁和檩子，拼装好骨架；接下来就是铺木楼板和钉木板墙壁，最后在屋顶上覆盖屋瓦，木楼就建好了。

干栏式木楼

侗族木楼已有1000多年的历史，至今基本没有太大变化，多为两层或三层，上层住人，下层为畜舍或厕所。侗族的木楼大多建成倒金字塔形，上面一层会比下面一层向外多伸出半米，层叠伸出的屋檐可以挡日晒、遮风雨。

侗族木楼

鼓楼是侗族最重要的社区中心，是举行礼仪庆典的地方。它既像楼阁又像塔，屋檐多达十几层，而楼内却没有梁或柱，重量平均分散在各层屋檐上。侗族工匠建造鼓楼时不用图纸，仅靠秘不外传的26个字的施工口诀。

侗族鼓楼

据说侗族造鼓楼是受了巨型杉树的启发。杉树高挺，枝杈横出，是鼓楼最初的蓝图。

第 **5** 节　外国人如何建木屋

▶ 远东的蝴蝶——俄罗斯的木刻楞房

木刻楞房是俄罗斯常见的民居形式，所用的木材是手斧劈出来的，所以房子看起来有棱有角，非常整齐。

> 俄罗斯人喜欢把房子刷成不同的颜色，因此这些木刻楞房被称为"彩色雕塑"。

俄罗斯的木刻楞

扫码领取

⊙ 科学实验室
⊙ 科学小知识
⊙ 科学展示圈
⊙ 每日阅读打卡

▶ 俄罗斯人这样建木刻楞房

圣瓦西里大教堂

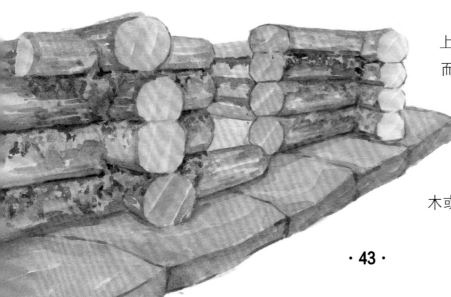

先用石头垒成地基，并且灌上混凝土。墙体由整块木材堆垒而成，中间铺上苔藓，可以防风保暖。建好后，人们还会在外墙和屋顶刷上木蜡油或自己喜欢的颜色，以蓝、绿色为多。原木、方木或胶合木都是常用的木材。

建木刻楞房一般情况下都不需要用铁钉，通常用木楔。方法是先把木头钻个窟窿，再用木楔加固。

木刻楞房的搭建局部

看来"洋葱头"是俄罗斯的标志性建筑。

俄罗斯的木刻楞房子看起来粗犷简朴，但又有漂亮的装饰和丰富的颜色，就像一座座彩色雕塑，所以人们把这种建筑比喻成"远东蝴蝶"。

圣瓦西里大教堂建成于1560年，最初由木头建成，后来改为砖瓦结构，代表着俄罗斯建筑风格的巅峰。

圣瓦西里大教堂

▶ 框架露在墙外——德国的木桁架屋

在德国有许多精致的小城，在那里几乎看不到一座现代化的建筑，所见都是一些外墙上满是花格子的木屋。这种屋子叫"木桁架屋"，那些外露的木架其实是房子的框架，就像人的骨骼一样，支撑着整座房子的重量。

怎么看起来有这么多几何图形呢？

▶ 德国人这样建造木桁架屋

先用结实粗大的木料搭起房屋的"骨架"，横、竖、斜、交叉都可以；接着，用木条或者藤条编成篱笆状，嵌进木头骨架里，再灌入掺有轧碎的麦秸秆的黏土；最后，在墙面上抹一层光滑的黏土，一座木桁架屋就建好了！

木桁架屋建造骨架

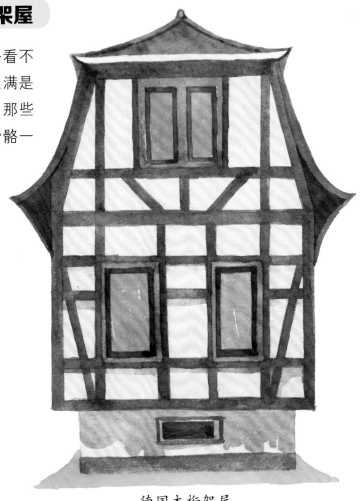

德国木桁架屋

这类房屋建造时选择的木材多是橡树或冷杉。

骨架里灌入掺有轧碎的麦秸秆的黏土

· 45 ·

早在 12 世纪，德国的富人们用石头砌房子，而平民百姓用不起石料，就只好用木头和泥巴建造木桁架屋。人们看到这种漂亮的建筑后，纷纷效仿，于是就形成了城市主干道两侧为富人房，小巷为农夫房或工匠房的现象。

德国石建筑房屋

这些独特的房子，在当时应该相当受欢迎。

这种独特的建筑已经有 900 多年的历史，至今看起来仍非常时髦，是德国当之无愧的"国屋"。德国境内有一条全长 2 800 千米的"木桁架屋之路"，贯穿整个德国，其多变的造型和丰富的色彩仿佛让人走进了格林童话般的梦幻世界里。

木桁架建筑主要见于德国中南部的一些城市，奥地利、瑞士、法国，英国也有，但都不像德国数量如此之多，而且造型、风格和色彩如此丰富。

▶ 会呼吸的房子——芬兰木屋

芬兰的木质建筑在世界上首屈一指，几乎所有传统建筑都是木头做的。芬兰不仅有着高超的建筑技术，而且还盛产最适合建木屋的木材——欧洲赤松，用这种木材建出来的房子有"会呼吸的房子"之称。

芬兰木屋

在现代，有些芬兰人会选择在工厂建好的房子，然后运到指定地点，将房屋和地基用套管连接，房子就安装完成了。

工厂制造好的木屋运到目的地进行安装只需几天，非常高效。

芬兰木屋

天啊，几天入住，这也太神速啦！

芬兰人常说："没有桑拿，不修房子。"就算房子再小，芬兰人也要在旁边修一个木头做的桑拿房，可见他们对桑拿是多么重视。有条件的芬兰人会选择临湖建屋，这样就能在最热的时刻冲出桑拿房，一头扎进湖里，简直冰爽透心。

芬兰桑拿房

圣诞老人的小木屋是世界上最忙碌的木屋。

"圣诞老人"的家乡位于芬兰北部拉普兰省的圣诞老人村，由一系列木房子构成，包括圣诞老人办公室、居所、邮局、驯鹿园等。圣诞老人会在圣诞老人办公室回复来自世界各地的孩子们的来信，离他家不远就是北极圈的标志。

圣诞老人村

非洲许多原始部落的人们至今仍住在茅草屋里。茅草屋是当地最典型、最传统的房屋建筑，材料一般是树枝、木棍和茅草。对于现代的高楼大厦来说，这种茅草屋恐怕连房子都算不上。

非洲茅草屋

许多非洲人仍住茅草屋里，这与他们的传统思想有关，他们认为住在其他建筑里会受到诅咒。

▶ 非洲人是这样建茅草屋的

先在地上立起柱子，作为房屋的支撑，然后用手指般粗细的藤条编成外墙的两层篱笆，塞入新鲜的泥巴敲实，墙体便大功告成。剩下的就是盖房顶了，一般是用茅草一层一层地铺起来，再用绳子一圈一圈地绑在屋梁上。

南非的恩德贝勒族很擅长用图画来装饰房子，他们用明快的颜色、简单多样的几何图形在外墙上作画，看起来非常有特色。

在非洲建一座茅草屋并没有想象中那么容易，有时候还要和以草木为食的白蚁做较量。在肯尼亚曾发生村中的妇女自发地组织了一支互助建房队，结果她们一边建，白蚁一边吃，把还没建好的房子吃了个精光。

南非茅草屋

想不到画上几笔，简陋的茅草屋一下就变得高大上了。

在南非，茅草屋是贫苦人家遮风挡雨的家，取材大多是芦苇或者椰子树，只是造型上有些区别。例如马普托郊区生长着大片的芦苇，因此芦苇就成了最常用的建材；莫桑比克北部椰子树多，椰树叶子就自然成为主要建材了。

莫桑比克以椰树叶子建造的茅草屋

▶ 海上吉卜赛之家——巴沃—罗特人的水上木屋

在马来西亚和菲律宾海边，生活着一群"海上吉卜赛人"——巴沃—罗特人。他们的房子建在海面上，清澈的海水使房子看起来像是飘在半空中。因为当地基本没有台风光顾，这些棚屋不必担心会忽然散架。

巴沃—罗特人的水上木屋

他们先在水上支起许多根木桩，然后在上面铺上一层木板作为地板，再用木板或者红树林的树干和叶子搭成墙壁和屋顶。不过，也有一些居民会用一两块破铁皮或废弃的波纹瓦来围成墙壁。

虽然每个木屋的面积仅约 10 平方米，但里面却住了几十个人。有些巴沃—罗特人会在木屋边上搭建一个露台，在上面玩耍、煮饭、洗衣、洗澡、晒渔网。木屋与木屋之间距离并不远，远远望去仿佛是一座悬在半空的密集村落。

水上木屋

在很多地方都能看见类似的建在水上的房子。例如意大利的威尼斯、荷兰的阿姆斯特丹，以及德国的圣彼得－奥尔丁，这些建筑都是用木桩支撑起整座房屋的。不同的是，有些会用石头、砖块建成房屋的主体，非常坚固、漂亮。

德国圣彼得奥尔丁水上木屋

▶ 荷兰羊角村的"高端茅草屋"

荷兰的羊角村被称为"荷兰的威尼斯",一条6 000多米的水道贯穿村子,人们主要依靠船只来往于村里的各个角落。古老的茅草屋、花园般的小道和庭院、从木桥下缓缓划过的小木船,描绘出了一幅如同中世纪的世外桃源的画卷。

羊角村的茅草屋历史悠久,很多已有700多岁的高龄。因为当地盛产芦苇,于是人们就用来盖屋顶,你可千万别小看了这些芦苇屋顶,用它们建出来的房子冬暖夏凉,坚实可靠。价格竟然是普通砖瓦的10倍。

荷兰其他地方也有许多非常有特色的木建筑,例如阿姆斯特丹的风车村,里面不仅保留着中世纪的村民小木屋,还有独具特色的风车,走进去恍如走进童话世界一般。

荷兰风车

18世纪时,一群挖煤工人在这里挖出许多野山羊的羊角,因此这里得名"羊角村"。

元宇宙图书时代已到来
快来加入XR科学世界!
见此图标 微信扫码

荷兰羊角村茅草屋

▶ 古老而时髦的英国茅草屋

走进英国的乡村，人们常常会被一些古老的茅草屋吸引，这就是英国的国宝级建筑，大多数已有百年以上的历史。在中世纪的时候，这些茅草小屋是给农民住的，但现在只有超级富豪才住得起了，因为光换一次房顶就得花费数万英镑。

茅草屋的墙身与普通的房子一样，只是屋顶戴了一顶"草帽"。屋顶的草并不是普通的草，需要使用复杂的工艺。有些茅草屋的屋顶是小麦和黑麦梗的混合物，好的茅草屋顶可以维持 50 年或是更久。

英国茅草屋

用蒿秆、灯芯草、芦苇、棕榈叶等植物来做屋顶的建筑非常常见，例如中东和北非的人们会用芦苇搭成屋顶，丹麦勒索厄岛居民用海草做屋顶，马来西亚居民会在屋顶上交叠铺设当地的大棕榈树叶。

丹麦海草屋

真是"屋不可貌相"！

挪威西海岸木结构建筑群

▶ 远胜别墅的挪威木屋

挪威人有句俗语——"住房要木屋，就是不要大别墅。"在这个人烟稀少的国度，竟然散布着约40万座小木屋，大部分建在深山或海边。挪威西海岸的卑尔根拥有欧洲最古老的木屋建筑群，五颜六色的小屋镶嵌在翠绿的山岳上，如同海上的五彩宝石。

木屋是挪威真正的传统建筑，最具代表性的是那些有七八百年历史的木教堂。

在中世纪的欧洲，各地流行兴建巨大的石教堂，而挪威人则将类似的技术用于建造木质建筑。当时的维京人非常善于修建船只和房屋，他们进一步发展了木雕技术，木教堂便是这项技艺的集大成者。

挪威斯塔万格木教堂

意大利威尼斯彩色房子

世界各地都有类似的彩色房子。布拉诺是意大利威尼斯辖下的一个小岛，岛上居民都是渔民的后代。不知道从什么时候起，小岛的地方政府规定当地居民每年要刷一次房子的外墙，于是居民们把他们小巧玲珑的房子刷得五颜六色，如同彩虹般绚丽多彩。

▶ 融于自然的瑞典木屋

瑞典盛产木材，有90%的民宅采用了一层或二层的木结构形式。走进瑞典的乡间、湖边，常常可以看见一些红色墙体，并且带有花房的木屋。在瑞典，这种小木屋有60万座之多。

这些涂成红色的木屋是瑞典人心中的"别墅"，比高楼大厦还要受欢迎。

瑞典和挪威建筑公司计划在瑞典首都斯德哥尔摩建造全球最高木质大楼——一栋34层的木质住宅楼。这栋住宅楼除核心结构为钢筋混凝土外，立柱和横梁用实木，室内墙面、天花板和窗框全部使用木材，计划于2023年落成。

瑞典首都斯德哥尔摩木造城堡

瑞典的首都斯德哥尔摩在英语里意为"木头岛"，这座城市始建于公元13世纪中叶。那时，当地居民常常遭到海盗侵扰，于是人们便在梅拉伦湖入海处的一个小岛上用巨木修建了一座城堡，并在水中设置许多木桩障碍，以便抵御海盗。

泰国的传统民居大多临水而建，采用木、竹、棕榈叶等作为建筑材料，属吊脚楼形式。这种房子多呈方形，分上下两层，上层住人，下面由数根竹桩或木桩高高托起，很适合热带气候。

木头居然也这么贵！

有些泰国建筑会用珍贵的柚木来建造，价值连城！

泰国传统民居

泰国被称为"千佛之国"，有着数之不尽的寺庙。在泰国，有一座以红木和柚木打造的全木质寺庙，堪称一件精美的宗教艺术品。在建造至今的 30 多年里，寺庙一直在不停地建造和维修，因此很多人认为它永远不会完工。

泰国屋舟

泰国还有一种叫"屋舟"的民居，以极大的竹排为基，上建竹屋，浮于水面。如有事外出，房子的主人就会像划船一样将房子一起移走。不过现代的人们更愿意搬到陆地上生活，即使从事渔业，也不愿生活在船上了。

▶ 中式风格的印度尼西亚木屋

印度尼西亚是热带国家，当地林木茂盛，竹子、椰树、棕榈树比比皆是，为建房提供了丰富的原材料，因此各地民宅大都为竹木结构。为了防水、防潮、防猛兽，除爪哇岛、巴厘岛一些地区外，印尼绝大多数地区居民都住高脚屋。

印度尼西亚高脚屋

印度尼西亚深受中国文化的影响。公元3世纪，中印两国就互派使者来往，中国南部的少数民族也陆续与南亚的种族融合。15世纪初，郑和下西洋更是将中国的政治、经济、文化传播到印尼各岛，对其建筑风格产生了深远影响。

在印尼苏门答腊地区随处可见一种房顶长"角"的建筑，叫"牛角屋"，主要由木头构成，地板一般离地面约2米，门前设有梯子。

为了纪念当地历史上一次重大的斗牛胜利，苏门答腊人就把屋顶建成牛角形。

印尼牛角屋

日本的传统木建筑受中国文化的影响，京都和奈良的许多古老木建筑几乎完整地保留了中国唐朝时期的城市规划和建筑式样。京都的传统住宅 —— 町屋，始于 17 世纪，楼高两层，相当于中国城市中的街屋或店铺住宅。

日本的建筑技术非常高明，高层建筑能抵抗 8 级地震。

日本京都町屋

▶ 建在地震带上的日本木屋

木屋是日本的代表性建筑，该国的低层建筑 80% 是由木头建成的。在一些大型建筑中，木头被运用得淋漓尽致。秋田县的国际教养大学图书馆运用了大量的秋田杉，从内部看就像一个书海圆形剧场。

日本位于环太平洋火山地震带上，犹如坐在一把摇晃不停的椅子上，每年发生的有感地震高达 1 000 多次。为了提高木建筑的抗震能力，日本普通的民宅采用了箱体设计。当地震发生时，房屋会整体"翻滚"，而不至于损毁。

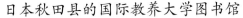

日本秋田县的国际教养大学图书馆

▶ 混合风格的美国木屋

美国拥有丰富的木材资源，因此每年建造的150万栋房屋中，约70％是用木材建造的。如同美国的文化一样，美式木屋融合了多国的建筑风格，形成了一种独特的混合风格，一般带有大窗、大屋顶，二层还有小阁楼。

美国木屋

美国木屋有很强的抗震性，其箱式结构能将地震的冲击力平均分到房子的各个部位，即使在地震中被推离地基也不会散架。因此，日本政府在1995年的阪神大地震后明令所有的民用住宅必须采用北美的木结构形式。

对于搬家来说，这真是太方便了！

在美国，拥有一家木屋的好处是可以一起把家打包带走——你只需要一辆足够大的卡车。运到新的地点后，把木屋固定在混凝土地基上即可。

▶ 继承传统的印第安人建筑

印第安人的足迹遍布美洲大陆。生活在北美西海岸的一些印第安人住在木屋里，木屋与木质的图腾柱结合在一起，有时还会把图腾柱的底部头像作为住宅的入口；而北美南部的印第安人则以土石筑墙、乔木搭凉棚，建起棚架式民居。

印第安人的土石建筑

> 如果想旅游，把浮岛划走就可以了！

的的喀喀湖是南美洲印第安人文化的发源地之一，被印第安人称为"圣湖"。生活在这里的乌鲁斯人至今仍延续着祖先们数百年来采用的古老的人造岛建造技术，他们将芦苇捆扎在一起，建成岛屿、房屋和船只。

> 至今仍有数百印第安人居住在七十多座这样的浮岛上，最大的一个浮岛上还有学校、邮局和商店。

印第安人人造岛

许多印第安人至今仍住在原始的房屋里。在尤卡坦半岛上，古代印第安人中的一支——玛雅人在树林中开出一块平地，就地取材，把粗树枝一根根固定在地上，围成一个大圆圈，再把棕榈树的大叶子搭在上面，搭成他们的房子。

印第安人原始住宅

▶ 沼泽阿拉伯人的芦苇棚

　　中东和西亚地区多采用泥土、石头和苇草建房子，而沿海和沼泽地带多用苇席。被称为"沼泽阿拉伯人"的马丹人居住在伊拉克南部的沼泽地带，他们因地制宜，采用遍布沼泽的芦苇做建筑材料，建成了独具特色的沼泽芦棚小屋。

马丹人沼泽芦棚小屋

　　有的芦棚已经不能算是小屋，而是巨大的芦棚厅堂。如当地的公共议事厅、婚礼殿堂等就是能容纳数十人的大芦棚。

▶ 中东沙漠中的帐篷

　　中东沙漠地带的人们会用帐篷来做他们的移动房子。著名的贝都因黑帐篷采用毛织品编篷顶及墙，以木柱拉索支撑，通常背风搭设，并可以根据天气调整高矮。以色列、约旦、伊拉克等地都盛行这种帐篷。

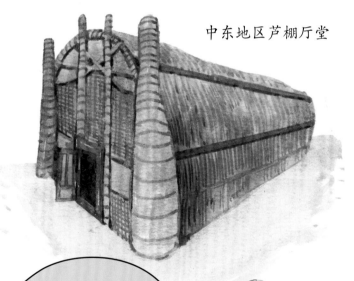

中东地区芦棚厅堂

中东地区帐篷

随着沼泽越来越少，这种古老的建筑正逐渐消失，并且面临着永远消失的危险。

▶ 世界上最高的木结构大楼

加拿大不列颠哥伦比亚大学最近建成了一座世界上最高的木结构大楼，高 18 层，总高度约为 53 米。除了底层用混凝土兴建之外，其余楼层都以木材建成。大楼将用作学生宿舍。

加拿大不列颠哥伦比亚大学学生宿舍

▶ 世界上最大的木建筑

西班牙古城塞维利亚有一座高约 26 米的巨型建筑，号称世界上最大的木建筑。蜂窝状的顶棚由木头做成，基座由混凝土浇筑而成。走上顶层可以欣赏城市美景，底层则设有博物馆、农贸市场、架空广场和餐厅。

西班牙古城塞维利亚巨型木建筑

这简直是一个超酷的树屋王国！

美国田纳西州树屋

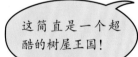
元宇宙图书时代已到来
快来加入XR科学世界！
见此图标 微信扫码

▶ 世界上最大的树屋

在美国的田纳西州，一位牧师花费 14 年时间建造出一座世界上最大的树屋。这座树屋高 30 米，共分 5 层 80 个房间，里面包括一座教堂和一个小型篮球场。建造者利用六棵橡树支撑起整座树屋，墙体则是用收集的废弃木料制作的。

北京故宫又叫紫禁城，是明、清两代的皇宫，距今已有600多年历史。占地72万多平方米，大小宫殿70余座，房屋8 700多间，是世界上现存规模最大、保存最为完整的木质结构的宫殿型建筑之一。

中国故宫

这些水缸能装2 000升水，比一个现代的消防水车的储水量还要大。

故宫的宫殿主要为木结构，配上黄琉璃瓦顶、青白石底座。在建故宫初期，人们光是准备材料就花了将近十年时间，很多木材从深山老林砍伐下来经大运河运往北京，于是就有了"漂来的紫禁城"之说。

故宫城墙

木结构建筑惧火，而故宫是古代防火设计的典范。宫外有金水河、护城河，宫内有河道弯曲穿过。除此之外，70多口水井分布其中，大殿附近还准备了盛水的大缸，遇到火灾就能在第一时间取水救火。

▶ 世界上最高的木塔

中国山西的应县木塔是世界上现存最高的木塔，与埃菲尔铁塔、比萨斜塔并称世界三大奇塔，距今已有900多年历史。木塔高67.31米，全部由木头做成，没有使用一钉一铁。不过，由于地震、战火和一部分人为因素，木塔有多处损坏，而且还向东面倾斜了。

中国山西的应县木塔

▶ 最早建于悬崖上的木建筑群

中国山西的悬空寺建在悬崖绝壁上，有1400多年的历史，是最早建于悬崖上的木建筑群。悬空寺距离地面约50米，也被誉为世界上最危险的建筑之一。据说在建造初期，悬空寺下面是没有木桩支撑的，为了让人们感到安心才装上，有些木桩根本没有受力。

山西悬空寺

在浙江和河北等地也有类似的建在悬崖上的寺庙，它们底下的很多木桩也不受力。

▶ 世界上最长的木质廊桥

加拿大新布伦瑞克省的哈特兰廊桥全长391米，是世界上最长的木质廊桥。刚开始时，桥墩和桥梁都用当地出产的雪松、云杉、硬松木制造，后来桥墩改为水泥，其他部分全是木材。

加拿大新布伦瑞克省的哈特兰廊桥

▶ 世界上最长的柚木桥

缅甸的乌本桥又叫"爱情桥"，长达1 200米，是世界上最长的柚木桥。这座桥有160多年历史，桥墩、桥梁、铺桥的木板都是用珍贵的柚木做成的，按照现在的市场价格来看，整座桥价值上百亿人民币。

缅甸的乌本桥

▶ 世界上最大的原木结构旅馆

美国黄石公园里的老忠泉旅馆是现今世界上最大的原木结构旅馆，它就地取材，用当地的松木原木和岩石构建而成，和帝国大厦、国会山、华盛顿纪念碑等建筑一起成为美国人最喜欢的建筑之一。

美国黄石公园喷泉旅馆

芬兰凯里迈基教堂

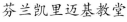

▶ 世界上最大的木结构教堂

世界上最大的木结构教堂是芬兰东部的凯里迈基教堂，于1847年建成，长45米、宽42米、高27米，可容纳5 000余人。除了宗教仪式，教堂里也经常举行各种文化活动。

▶ 世界上最大的单体木质建筑

日本的东大寺是当时世界上最大的单体木质建筑，距今已有1200多年历史。寺内的大佛殿宽57米、长约50米、高46米，相当于15层建筑物的高度，为中国唐朝时期建筑风格。在建成初期，唐朝的高僧鉴真和尚还在这里设坛授戒呢！

日本东大寺

> 东大寺曾两次毁于战火，重建后只有原来的2/3，但仍不影响它成为当时世界上最大的单体木质建筑。

▶ 世界上最古老的木建筑群

日本的法隆寺据传建于1400多年前，是世界上现存最古老的木建筑群。寺内有40多座建筑物，主要以桧木为建筑材料，保留着中国南北朝时期的建筑风格。让人感到惊讶的是，法隆寺的五重塔遭遇过多次地震和强风的袭击，但从未倒塌。

日本法隆寺

▶ 世界上最大的独立式竹建筑

巴厘岛的密林里有一所竹子学校，从桌子、椅子、黑板到校舍，全都是用竹子做的。学校宽约64米，最高处达18米，是世界上最大的竹建筑，而且大部分的电力都来自太阳能。

巴厘岛竹建筑

巴厘岛上的竹子生长极快，仅需两个月就能长得和椰子树一样高，三年就可以用来造房子。当地人在外国设计师的指导下，用古老的手工技术将一根根竹子牢固地衔接，建成了世界上最美丽的原生态建筑群。

绿色学校只是绿色村庄里的其中一座建筑，村庄里面的30多座竹子建筑都是独一无二的。建造时只采用当地的竹子、象草和黏土，一枚钉子都没有用到。从远处看，就像土著人的原始村落。

竹子搭建的酒店

想不到竹子也能盖出这么漂亮的房子。

第8节 世界各地的古怪木建筑

▶ 可滑动伸缩的房子

英格兰的萨福克郡有一座可以滑动伸缩的房子。这座奇特房子的外层是木质的，里层是玻璃的。开动发动机，只需6分钟，屋子底下的滑轮就能将木质外壳收缩，露出来里面的内壳，达到调整室内温度和光线的目的。

英格兰可滑动伸缩的房子

▶ 苏特亚金屋

苏特亚金屋位于俄罗斯西北部的偏远小城，共有13层，34米高，由木头做成。这座怪异的木楼看上去破破烂烂的，是货真价实的危房，就连主人自家都不敢居住。2012年一场突发的大火顷刻间便将高高的"摩天木楼"化作灰烬。

像不像外星人建造的怪异基地？

扫码领取
- ⊘ 科学实验室
- ⊘ 科学小知识
- ⊘ 科学展示圈
- ⊘ 每日阅读打卡

啊？我能进去看看吗？

俄罗斯苏特亚金屋

▶ 基日乡村教堂

约 37.4 米高的俄罗斯纯木质教堂"基日乡村教堂"拥有超过 150 年的历史，由两座东正教木质结构教堂和一座八韵角木质钟楼构成。22 个葱头式尖顶整齐地排列于各层之上，下宽上尖，从远处望去，颇像童话故事中的小小王国。

俄罗斯纯木质教堂基日乡村教堂

▶ 多伦多树塔

这座仿佛原始森林的现代建筑叫"多伦多树塔"，位于加拿大的多伦多。大楼高 18 层，建筑面积超过 5 000 平方米，由叠层木料制成的模块式结构组成。大楼主要为住宅房，还包括公用的咖啡厅、日托中心和社区工作站。

多伦多树塔

▶ 波兰颠倒屋

波兰艺术家用木头造出了一座头朝下、脚朝上的"颠倒屋"。在颠倒屋中，天花板变成地板，家具都悬挂在上方，游客们进来几秒钟后就感到晕眩不已。工人们在建这座房子的时候也常被那些奇怪角度弄昏头脑，每工作 3 小时就必须休息 1 小时。

波兰颠倒屋

▶ 加拿大的"自由精灵屋"

这个像被悬挂在大树上的大圆球是一处奇特住房，位于加拿大不列颠哥伦比亚省，被称为"自由精灵屋"。整个球体用木头纯手工制造而成，里面却出乎意料地奢华。走过细长的钢索桥或爬上螺旋梯，旅客才可到达小屋。

美国佛罗里达州有一座名为"诺曼·约翰逊颠倒屋"的房子，不仅里面的家具都是悬挂起来的，就连车库也悬挂着汽车。

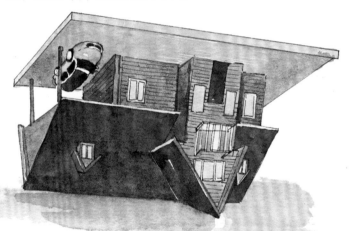

美国诺曼·约翰逊颠倒屋

加拿大自由精灵屋

比起"摩天木楼"，它更像是外星人建造的怪异基地。

▶ 荷兰可移动木屋

荷兰设计师建造出一座移动木屋，建筑面积为18平方米，采用木质框架、铁质屋顶建成。木屋虽小，但"五脏俱全"，小小的空间内设有起居室、厨房、卫生间、LED灯和阁楼的床铺。

荷兰移动木屋

▶ 法国吉伦特的"窝棚"

这个看起来像松果的奇特建筑位于法国吉伦特，是一家树屋旅馆。房间的装修如同外形一样简单朴素，可容纳2~4人。里面还配有独立阳台和透明屋顶，树下有生态堆肥厕所。

法国吉伦特的"窝棚"
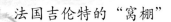

▶ 瑞典的鸟巢酒店

瑞典有一家特别的酒店，客房都建在树上，分别为"木舍""蓝锥体""鸟巢""镜立方""UFO"和"带风景的房间"。"鸟巢"的灵感来自北京的鸟巢，外面覆盖着茅草和树枝，窗户隐藏在枝杈间，很难被发现。

瑞典的鸟巢酒店

▶ 美国挪亚方舟创世纪博物馆

在美国肯塔基州，一艘接近原来尺寸的"挪亚方舟"出现在一个主题公园里。这艘木船约 155 米长、26 米宽、16 米高，里面分为 3 层，放有包括恐龙在内的真实比例的动物模型，还设有可以容纳 1 500 人的餐厅和礼品店。

美国诺亚方舟创世纪博物馆

▶ 日本微热山丘蛋糕店

这座如同一个竹筐的木质建筑是一个专门销售菠萝蛋糕的蛋糕店，位于日本东京。总长超过 5 000 米的木头条被切割成长短不一的长度，相互交叉形成特别的立体网格，环绕在三层楼的外墙壁和天花板周围。

要上楼的话，恐高的人不得不扶着楼梯才能克服难以控制的眩晕感。

日本微热山丘蛋糕店

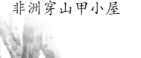

▶ 非洲穿山甲小屋

　　非洲南部国家博茨瓦纳有一家非常特别的旅馆，木结构及弧形的外立面让它看上去不像旅馆，反而更像是一只趴在丛林中的犰狳，或是一只倒扣的船。旅馆的底部被完全架空，方便野生动物通行，上面设有公共休息室、餐厅和客房。

非洲穿山甲小屋

这里应该最受鸟儿的喜爱。

▶ 美国纽约哈德逊广场新地标

　　2018年底，纽约的哈德逊园区建成一座号称"纽约的埃菲尔铁塔"的奇特建筑。该建筑名为"容器"，高16层，共2 500多级台阶，主体全部由按几何点阵排列的楼梯组成，看上去就像永远没有尽头的楼梯。

美国纽约哈德逊广场新地标

瑞典斯德哥尔摩的木质摩天大楼

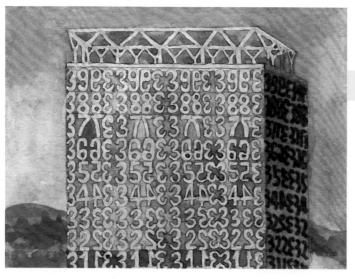

▶ 斯德哥尔摩的摩天大楼

　　瑞典一家建筑公司公布了一张摩天大楼的概念设计图，建成后将会成为首都斯德哥尔摩的最高建筑。该建筑共40层、133米高，主体由交错层压木材打造，外墙被巨大的木质数字覆盖。

○为什么木结构建筑更防震？

砖混建筑在大的地震中历来难逃倒塌的命运，而木结构房屋因其重量轻，地震时吸收地震力少，所以能在地震中躲过一劫。地震时，木结构建筑要么整体稍微变形，要么随地震波整体移动，严重时可能会整体脱离地基，但很少散架。

△为什么东南亚会选用高脚屋作为民居？

高脚屋流行于热带与亚热带的东南亚地区，最主要的原因是适应当地的高温多雨、气候潮湿环境。在屋子底下打木桩可以避开地上的流水，且通风防潮，使人免受潮气侵袭，有利于健康，而且能避免蛇甚至野兽的危害。

○中国现存最大的木结构大殿是哪个？

故宫的太和殿俗称金銮殿，连同台基高 35.05 米，面积达 2 377 平方米，是中国现存最大的木结构大殿。古时皇帝登基、册立皇后、皇帝生辰等重大仪式都在太和殿进行。

○为什么说天坛祈年殿是顶级"抗震房屋"？

祈年殿修成圆形，房顶为半球状，是"应力分散效应"的典型建筑。这种建筑能把房屋的负荷"应力"均衡地分摊给墙体，从而减少遭受地震而倒塌的风险。普通的房屋有负荷墙和非负荷墙之分，它们的负荷被集中了，抗震能力就被削弱了。

★中国现存最大的四大古建筑群是什么？

是北京的故宫、山东曲阜的三孔、山东泰山的岱庙、河北承德的避暑山庄。故宫是明清两代的皇家宫殿，世界上现存规模最大、保存最完整的木质结构古建筑之一；曲阜是孔子的故乡，三孔包括孔府、孔庙和孔林；岱庙建于汉代，是历代帝王举行封禅大典和祭祀泰山神的地方；避暑山庄是中国现存最大的皇家园林。

☆中国仅存的唐代木建筑都在何处？

唐代是中国古代建筑发展的高峰，也是佛教建筑兴盛的时代。留存至今的唐代木结构建筑只有四座，全部在山西省境内。规模较大的南禅寺和佛光寺在五台山，其余两座是平顺县的天台庵和芮城县的广仁王庙。

◆中国古建筑是如何防雷击的？

古代建筑物不被雷击一般与建筑材料有关。我国古代建筑多为木质结构外层刷漆，起到绝缘作用。另外在一些建筑还装有特殊的"镇龙"，与现代避雷针异曲同工，即在建筑物尖端涂抹金属，与金属柱相连，最终通过埋在地下的"龙窟"导出雷电。

◎为什么中国古代屋顶的四角是翘的?

屋顶的主要功能是遮风挡雨。如果把屋顶做成笔直的坡形,急泻下来的雨水会溅得很高,这对墙脚、柱基都是不利的。于是聪明的古代匠人就把屋顶做成底部往上翘的形式,这样不仅可以减缓雨水的流速,也能让房子获得更好的采光。

●中国古代的木建筑怎么防虫、防腐?

选择不易虫蛀的树种,如杉木、楠木。这些木头会先经过特殊的处理,如在特殊液体里浸泡、晒干并刷上一层胶,建好后再涂上一层漆,这样蛀虫就不能生存了。另外,在搭建房屋前通常都会建造地基,不让木头直接接触地面,以防潮、防腐。